科普小天地

科學超有趣

地理

洋洋兔 編繪

前 言

讓孩子在輕鬆愉快中
自主學習地理知識

火山、地震、颱風、龍捲風⋯⋯這些地理詞彙對孩子們充滿了誘惑，也是孩子們經常聽到或者談論的話題。

這是地理本身對孩子的吸引力。

對於學習地理，孩子有興趣只是一個良好的開始，接下來，他們還會產生諸多的疑問。解答這些疑問，一般是課堂上老師的講解或是爸爸媽媽的講述，但從別人那裏得到的答案，遠不如自己去弄懂更有效。所以，**孩子們更需要一本能夠自己看得懂的有趣、輕鬆解決他們疑問的地理書。**

《科學超有趣：地理》就是一本專為孩子們編繪的地理知識漫畫書。大到地球結構、地質地貌，小到一塊岩石、一條河流，地理知識盡在本書的故事中。

　　閱讀這本地理知識漫畫書，可以讓不喜歡地理的孩子從此愛上地理，讓對地理懷有興趣的孩子獲得更加豐富的地理知識。

目錄

可怕的現象——地質災害

能源大發現

自然地理

● 我們生活的地球內部究竟是甚麼樣的？地球上的高山、平原是怎樣形成的？七大洲和四大洋過去也像現在這樣嗎？火山和地震是怎麼回事兒？這些問題我們都能從自然地理中找到答案。

● 生物分佈

袋鼠生活在大洋洲、獅子奔跑在非洲；熱帶的植物葉子寬闊、寒帶的植物多是針葉……動植物在地球上呈現着明顯的分佈特徵。

● 火山

火山噴發是地球上一種奇妙的現象。火山的爆發會給人類帶來災難，甚至可以覆滅城邦；同樣它也可以給人類帶來好處，使得噴發後的土地變得肥沃。

● 冰川

地球的南極和北極覆蓋着厚厚的冰川；高山之巔上也會積雪，形成大塊冰川。冰川也會移動，會對地理環境產生很大的影響。

● 地震

地震是常見的一種自然現象，它的威力非常大，可以把高樓大廈夷為平地，可以讓平坦的地面溝壑縱深，而且地球上幾乎每天都在發生地震。

地理分為自然地理和人文地理。自然地理主要研究地球表面的地理環境中的自然現象，人文地理主要研究人文現象。這本書帶給大家的就是自然地理啦！

● 岩石岩層

地殼是由層層疊疊的岩石層組成，這是地球的「石頭書籍」，這些岩層不僅記錄了地球的歷史，而且由於岩層中有生物的化石，還能為研究古代生物提供依據。

● 水文現象

水是生命之源，也是自然地理中一個重要的研究對象。陸地上、地表下、海洋中、天空中……幾乎到處都有水的存在。

● 地形特徵

山川河流、沙漠平原……地球表面有各種各樣的形態。這些地形有甚麼特徵？它們如何分佈？它們是怎樣形成的？

● 氣象氣候

自然地理研究某個地方風雨陰晴的天氣現象，也研究各個不同地區的不同氣候，這有利於我們預報天氣和分析各地的氣候特徵。

人物介紹

小野人

男生，從原始森林裏來，力氣巨大，語言簡短，不會很複雜的表達，對現代生活充滿了好奇，不過也鬧了許多笑話，酷愛打獵，甚麼都想獵取。

都市女生 TT

愛美，愛炫耀，聰明女生，在與小野人接觸的過程中，教會小野人許多城市生活的知識。

寵物熊貓黑眼圈

愛吃爆谷，無所不知，卻又喜歡裝傻，睡覺是他一生的樂趣。

認識地球

在浩瀚的宇宙中，我們所居住的地球是人類迄今為止所發現的唯一有生命的星球。在遙遠的太空中看這顆生命之星，就像一輪圓圓的藍月亮。地球形狀像甚麼？地球內部有甚麼？地球自轉和公轉是怎麼回事兒？地球表面的七大洲和四大洋是怎麼形成的……小朋友，帶着這些問題，一起來認識這顆美麗的藍色星球吧！

鴨梨一樣的
藍色星球

你們說地球是甚麼樣的？

地球像湯圓一樣，是圓的。

我怎麼聽說像雞蛋一樣呢？

TT，你在笑甚麼？！

你們怎麼總是想些吃的東西啊？

因為早上沒吃飽嘛……

地球既不是圓形的，也不是橢圓形的，而是一個不規則的扁球形。

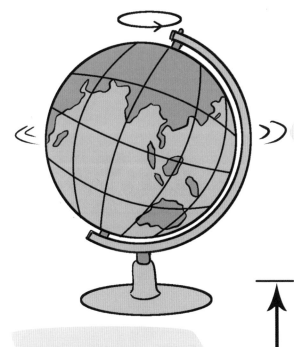

地球不停地自西向東旋轉（自轉），自轉的角速度大約是每小時 15 度。它的腰部（赤道部位）在離心力的作用下，向外鼓出，而兩極部份呈扁平狀。

地球是一個不規則的扁球體。它的東西直徑（赤道直徑）約為 12756.2 千米，比南北直徑長了 42.6 千米。

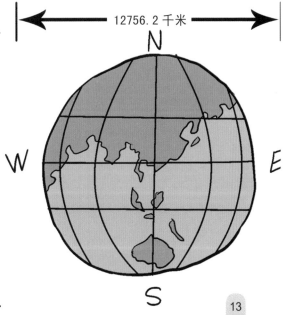

12756.2 千米

12713.6 千米

N

W

E

S

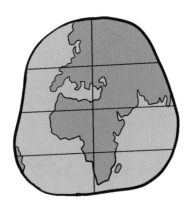

目前，精確的測量證實：地球不是一個真正的橢球體，而是一個不太規則的橢球體：北半球較細、較長，北極凸出；南半球較粗，較短，南極凹進。

TT，地球到底是個甚麼形狀的？

地球很像一個大大的鴨梨。

鴨梨？還說我們想着吃？你自己難道不是嗎？

地球像鴨梨，那是科學家得出的結論。不過……提到鴨梨，我現在也有些餓了。

誰叫你做飯那麼難吃，害得大家都沒吃飽！

說甚麼？你們以後休想再吃到我做的飯了！

地球肚子裏都有甚麼？

地心是甚麼啊？

地心也叫地核，是地球的中心部位。

那你知道地球內部甚麼樣嗎？

地球內部就像雞蛋一樣。

像雞蛋這麼簡單嗎?

地球內部的構造比雞蛋要複雜得多!

真的嗎?地球內部除了地心,還有甚麼呀?

讓本姑娘給你介紹一下吧。

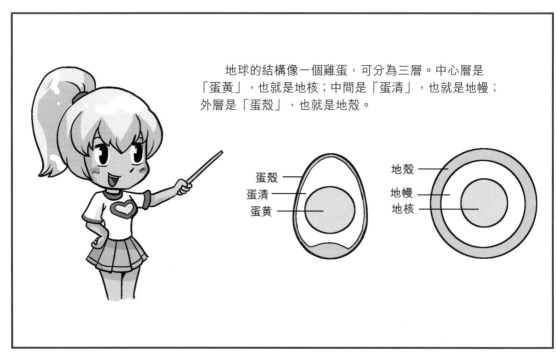

地球的結構像一個雞蛋,可分為三層。中心層是「蛋黃」,也就是地核;中間是「蛋清」,也就是地幔;外層是「蛋殼」,也就是地殼。

蛋殼 ── 蛋清 ── 蛋黃 ──

地殼 ── 地幔 ── 地核 ──

其實地球內部的構造比雞蛋更為複雜，除了地殼、地幔和地核，還有岩石圈、軟流圈。同時，地核又分為內核和外核，地幔又分為上地幔和下地幔。

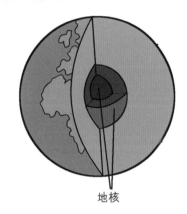

岩石圈
上地幔
下地幔
內核
外核

地殼是由堅硬的岩石組成，厚度在 5 至 70 千米之間。地幔主要由硅、鐵、鎂等成份組成，厚約 2,900 千米。地核是地球的核心部份，半徑約為 3,400 千米，溫度為 4,000～6,800℃。

地核

TT 你知道的真多啊！

那當然啦！不是跟你吹牛，這個世界上沒有我不知道的！

TT 上知天文，下知地理，無所不能……

沒那麼誇張啦！我頂多算是你們當中的小神童……

小神童，你能告訴我到底是先有雞還是先有蛋嗎？

呵呵……這個，你可以問雞媽媽去。

地球是個大磁鐵

小野人、TT和黑眼圈一起去郊遊。

我們到底應該走哪條路？

我想我們可能迷路了……得求助指南針。

出門前不做足功課，害得我們迷路……

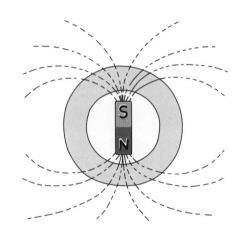

地球磁場就是地球周圍空間分佈的磁場。就好像把一個巨大的磁鐵棒放到地球的中心，使磁鐵棒的北極大體對着地球的南極，從而產生磁場。

這根大磁鐵棒產生的地磁南北極在地球北南極附近。如果將地磁的南北極和地球北南極分別連起來，它們之間會形成一個夾角，這個角就叫磁偏角。

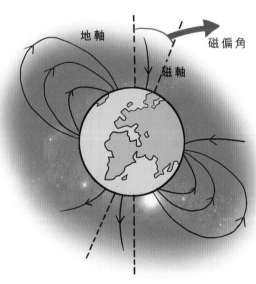

科學家發現，地球磁極是不斷變化的。這是因為地球內部的鐵磁元素處於不斷流動的狀態，並時刻受到太陽和月亮的引力作用影響。

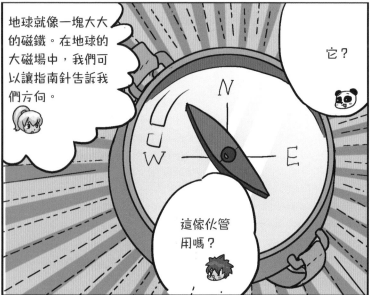

地球就像一塊大大的磁鐵。在地球的大磁場中，我們可以讓指南針告訴我們方向。

它？

這傢伙管用嗎？

因為指南針也是一種磁針，根據異性相吸的原理，它就能指向啦！

好！就跟它走。

糟了！指南針中心的螺帽鬆開了……

那你趕緊修好啊！

指南針 是指向南方嗎？

指南針是我們熟悉的一種判別方向的儀器，主要組成部份是一根可以自由轉動的磁針。

小貼士： 指南針其實是指向北方的。

 指南針的名稱由來

指南針的名稱由來與人們辨認方向的歷史有關。

在古代，人們很早就學會了觀察星象。他們發現北極星幾乎總是在正北的方向，而且用北斗七星來尋找北極星非常容易。所以，人們就開始利用北極星來辨認方向。

後來，人們發現磁石可以指向，並且發明了可以辨別方向的司南。司南是將天然的磁石琢成一個勺形，放在光滑的盤上。最後，人們在司南的基礎上發明了指南針。

最早，人們利用北極星找北。

後來，人們發現磁石可以指向。

北極星

人們利用磁石發明「司南」。

發明現代指南針。

司南的勺子形狀和北斗七星很像嘛！

🔍 **「指南針」為甚麼不叫「指北針」？**

因為「司南」有一個「南」字，並且在我國古代文化中以南為尊，所以人們就有了「指南針」這一說法。而且南和北是相對的，知道其中一個就會知道另外一個。所以，不管它叫指南針還是指北針都是可以用來辨認方向的。

造成四季更替的
公轉

你幹甚麼呢？

這些楓葉為甚麼會從樹上掉下來呢？

秋天到了，葉子當然會從樹上掉下來。這有甚麼奇怪的？

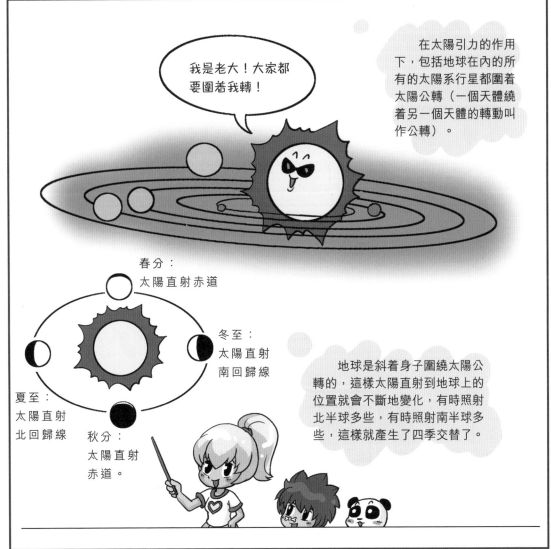

地球還真忙，甚麼都管，它忙得過來嗎？

放心好啦！地球比你想像的還要強大……

雖然這樣，但我還是有些為它擔心！

公轉造成四季更替，自轉會帶來日夜晨昏的喔！

ΤΤ，幹嗎着急走呀？

我可不想留在山裏過夜！

可以留下開螢火晚會呀！順便給我講講你說的自轉。

不要，我怕黑！

你們大家必須服從我的命令！

你自己一個人玩去吧。

帶來白天和黑夜的 自轉

哎！走了半天都沒走出這座山……

看來今晚真要留在山裏了。

不行！太陽下山之前，我們一定得走出去，我才不想在這裏待一晚！

為甚麼太陽下山之前要走出去呢？

太陽下山是說明天就要黑了。

為甚麼會天黑呢？

我不是說過因為地球自轉嗎？

但你還沒說明白呀！

地球自轉是指地球圍繞地軸做自西向東的轉動，地球自轉一周用時 23 時 56 分，也就是一天。在同一時間陽光只能照亮半個球，被陽光照亮的半個地球是白晝，沒有被陽光照亮的半個地球是黑夜。

夜

晝

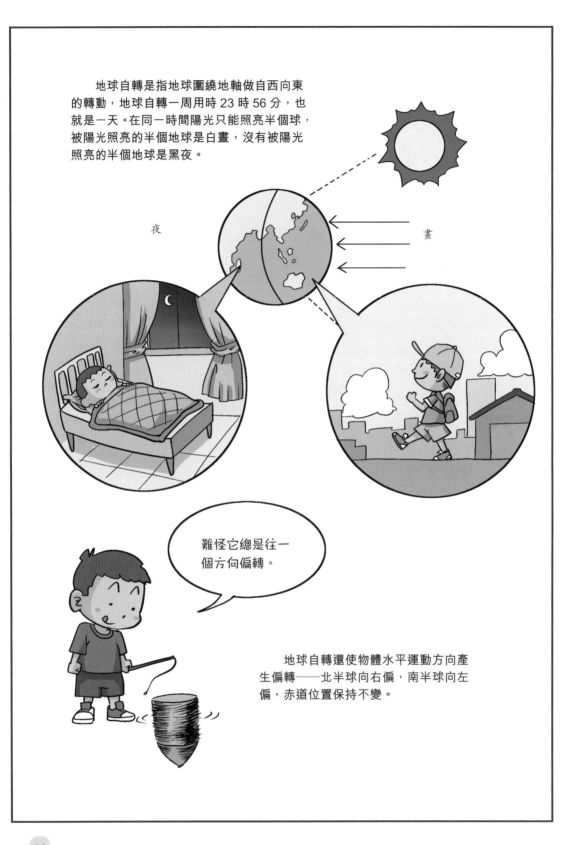

難怪它總是往一個方向偏轉。

　　地球自轉還使物體水平運動方向產生偏轉——北半球向右偏，南半球向左偏，赤道位置保持不變。

哦！原來是地球自轉才產生了白天和黑夜。

對呀！地球的影響力還蠻大的嘛！

如果我是太陽，我就一直躲起來！

那樣不就天天是黑夜了嗎？

太陽馬上就要下山了，先找到出去的路要緊！

對呀！朝着太陽下山的方向走，不就能找到出去的路嗎？

知道了也不早點說！

急甚麼！大不了跟着太陽走……

七巧板一樣的 大洲和大洋

七大洲？

四大洋？

為甚麼地球儀上面會有這些像七巧板的圖形啊？

是啊！看上去像是被打了補丁。

它們才不是補丁，這裏邊學問可多呢！

真的嗎？快給我們講講吧！

地球儀上面藍色的圖形代表海洋，其他的是陸地。

那這些又代表甚麼？

哦！它們是地球上的七大洲和四大洋。

地球上有七大洲和四大洋。七大洲指的是：歐洲、亞洲、非洲、北美洲、南美洲、大洋洲和南極洲。四大洋指的是：北冰洋、大西洋、太平洋和印度洋。

我最大。

我最熱。

我經濟最發達。

我最獨特。

我溫差最小。

我最小。

我最冷。

在七大洲當中：亞洲的面積最大，非洲的氣候最熱，北美洲大陸農業的帶狀分佈最獨特，南美洲的溫差最小，歐洲的海洋性氣候最明顯，大洋洲的面積最小，南極洲的溫度最低。

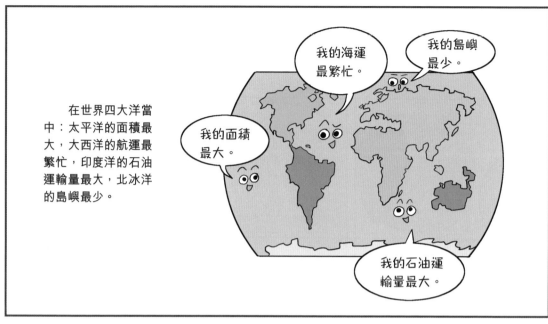

在世界四大洋當中：太平洋的面積最大，大西洋的航運最繁忙，印度洋的石油運輸量最大，北冰洋的島嶼最少。

我的海運最繁忙。

我的島嶼最少。

我的面積最大。

我的石油運輸量最大。

地球儀整個看上去是藍色的。

因為地球上的海洋面積約佔 71%，陸地面積約佔 29%。

照你這麼說，我看地球乾脆改名叫「水球」好了！

如果按海洋所佔的面積來算，也可以叫它水球。

地球上七大洲和四大洋從古至今都是一直處於今天的位置嗎？會不會發生過變遷呢？

小貼士： 現在的科學界普遍認為，在很久很久以前，地球上各大陸是連在一起的。

 大陸曾經相連· 科學家的猜想

　　一百多年前，德國的科學家魏格納有一天突然發現大西洋西岸南美洲凸起的部份和大西洋東岸非洲凹入的部份相對應。他就猜想美洲和非洲以前很可能是連在一起的。

這不是簡單的拼圖遊戲，可能是地理史上的大發現。

魏格納經過艱苦的考察提出了三個證據：

證據 1：非洲和南美洲輪廓可拼合。

證據 2：兩岸動物相似。海牛和鴕鳥都沒有遠涉大洋的能力，卻分佈在大洋兩岸。

證據 3：兩岸古老地層吻合。

大陸漂移假說

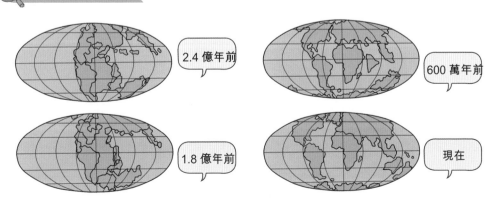

2.4 億年前

600 萬年前

1.8 億年前

現在

岩石圈分好幾塊 · 六大板塊

後來在「大陸漂移學說」基礎上，地質學家又提出了更完善的「板塊構造學說」。

「板塊構造學說」認為地球的岩石圈由六大板塊拼合而成，板塊內部比較穩定，而交界的地帶則比較活躍，有的張裂拉伸，有的碰撞擠壓。

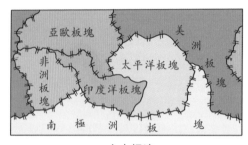

六大板塊

 板塊運動

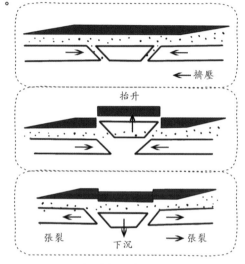

不同板塊相互擠壓和張裂

 板塊運動造成的後果

板塊的運動造成了海陸的變遷。比如亞歐板塊、非洲板塊和印度洋板塊就在不斷碰撞擠壓，所造成的後果就是處於亞歐非交界處的地中海，在幾十萬年後很可能會消失。

相反，處於相互張裂的非洲板塊和印度洋板塊之間的紅海，在幾十萬年後可能會成為新的大洋。

地質和地貌

　　地球的表面並不是光滑的，而是高低起伏的，有高入雲霄的山脈，有被山環繞的盆地；有連綿不斷的丘陵，有一望無際的平原……是誰把地球表面修成了這副模樣呢？地球表面的樣貌是一直不變還是在時刻變化？讓我們一起找尋答案吧。

記錄地球變化的歷史書

這種石頭怎麼都是一層一層的？

小野人，你看我手中的這塊東西像不像一疊紙？

嗯，看起來和書一樣一頁頁的！

這叫頁岩，是一種沉積岩。

沉積岩？

沉積岩是一種岩石。

像書一樣的岩石。

嘿嘿，它們真的像書一樣，記錄了地球歷史呢。

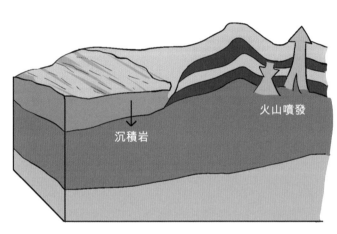

火山噴發

沉積岩

地球上的水流能帶着風化產物和火山噴發物一起運動，慢慢沉積下來，最後形成岩石。

岩石是一層層形成的，而且越是下層的岩石，形成的時間越久。

沉積岩的分佈面積佔陸地面積的 75%，大洋底部幾乎全部為沉積岩所覆蓋。沉積岩不僅分佈廣泛，而且記錄着地殼演變的歷史。據統計，地殼上年齡最老的岩石有 46 億年。

這麼説，沉積岩就是一本記錄地球歷史的魔法書？

可以這麼説！沉積岩為人類的科學研究提供了有利的線索。

這麼神奇！難道沉積岩知道地球上發生過的所有事情？

是呀！它可是一本神奇的教科書呢！

沉積岩，沉積岩，你能告訴我甚麼地方埋有寶藏嗎？

有奇特花紋的大理石

仙鶴變成石頭啦！

這隻鶴是用大理石雕刻的，它本身就是一塊石頭！

難怪它站着一動不動！

當然啦！石頭怎麼會動？

這隻仙鶴雕刻的還真像。

是用大理石雕刻的。

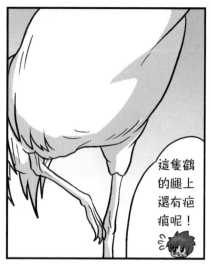

這隻鶴的腿上還有疤痕呢！

那不是疤痕，是大理石本身自帶的花紋！

大理石自帶的花紋？

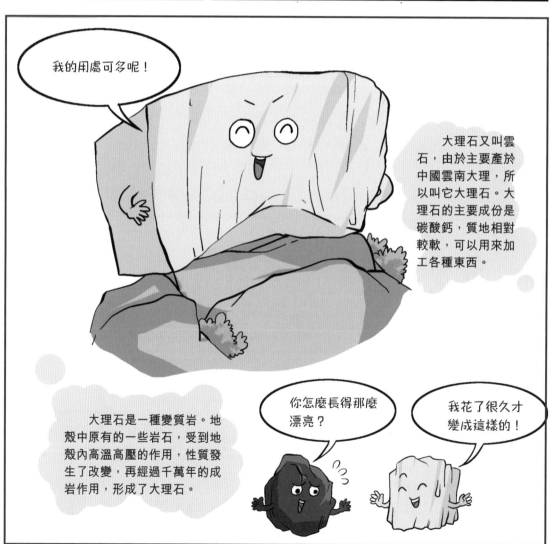

我的用處可多呢！

大理石又叫雲石，由於主要產於中國雲南大理，所以叫它大理石。大理石的主要成份是碳酸鈣，質地相對較軟，可以用來加工各種東西。

大理石是一種變質岩。地殼中原有的一些岩石，受到地殼內高溫高壓的作用，性質發生了改變，再經過千萬年的成岩作用，形成了大理石。

你怎麼長得那麼漂亮？

我花了很久才變成這樣的！

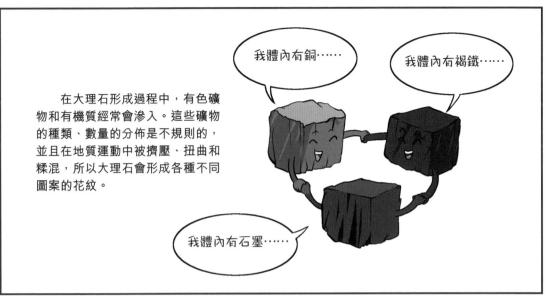

在大理石形成過程中，有色礦物和有機質經常會滲入。這些礦物的種類、數量的分佈是不規則的，並且在地質運動中被擠壓、扭曲和糅混，所以大理石會形成各種不同圖案的花紋。

我體內有銅⋯⋯

我體內有褐鐵⋯⋯

我體內有石墨⋯⋯

哼哼！我騎上來試試和真的仙鶴有甚麼不一樣。

真仙鶴你也沒騎過啊！

真丟人！你趕緊給我下來！

正好騎着仙鶴去爬山！

小野人，你別鬧了！要爬山就趕緊下來走。

算了吧，還是讓他獨自快樂去吧。

高山從哪兒來？

小野人、TT 和黑眼圈一起來到一座高山腳下……

這座山真高啊！

是啊！你看山頂的周圍還飄着雲彩。

你說為甚麼會有高山呢？

我出生在一個地殼動盪的時代……

　　山是由於地球板塊的運動形成的。板塊互相碰撞擠壓使一些地方越擠越高，成了最初的山；後來經過不斷演變，慢慢地就成了我們現在所看到的山。

　　另一種叫斷層山，又稱「斷塊山」。岩層在斷裂後，岩層的位置會相互錯開，岩層的這種變化叫作斷層。岩層斷裂後抬升，形成山脈，就形成了斷層山。

　　我們生活的周圍有兩種山：一種叫褶皺山，主要是岩石內部受到擠壓形成的。

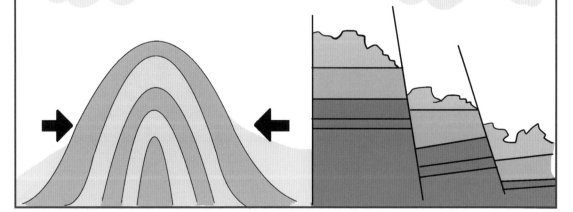

原來山是這樣形成的？不過，我還是第一次見到這麼高的山呢！

我覺得我能比它更高！

小野人就知道吹牛！

我現在就證明給你們看……

你慢點！山頂太高，上面缺氧！

我身上才不癢，我要爬到山頂上當巨人……

喜馬拉雅山 曾是海洋嗎?

喜馬拉雅山位於青藏高原南緣,全長 2,450 千米,寬 200 ～ 350 千米,是世界上最高大、最雄偉的山脈。

小貼士: 喜馬拉雅山曾經是一片汪洋大海,而現在卻是不斷長高的高山。

 ## 滄海變桑田·造山運動

地質學家在喜馬拉雅山發現了遠古的魚骨化石,證實了喜馬拉雅山地區在 20 億年前曾是一片汪洋大海,叫作「古地中海」。後來,這裏的地殼運動頻繁,發生了一次強烈的造山運動,使得古地中海逐漸隆起,形成了巨大的山脈。

你能想像喜馬拉雅山曾經是一片汪洋大海嗎?

喜馬拉雅山還在不斷「長高」

喜馬拉雅山地處亞歐板塊和印度洋板塊的交界處,由於板塊的碰撞擠壓,喜馬拉雅山地區直到現在仍在不斷長高,據測算,每 100 年大約上升 7 厘米。

他倆衝撞得越兇我長得越高。

珠穆朗瑪峰

喜馬拉雅山海拔超過 8000 米的高峰有 10 座,其中最高的是位於中國和尼泊爾交界的珠穆朗瑪峰,海拔達到 8,844.43 米,是世界第一高峰。

小河流修成大平原

哈哈，我們來到平原啦！

平原好平坦啊！一望無際……

是啊！要不然怎麼會叫平原呢！

平原上為甚麼會有這麼多條水溝呢？

當然咯！這裏是沖積平原嘛！

沖積平原？

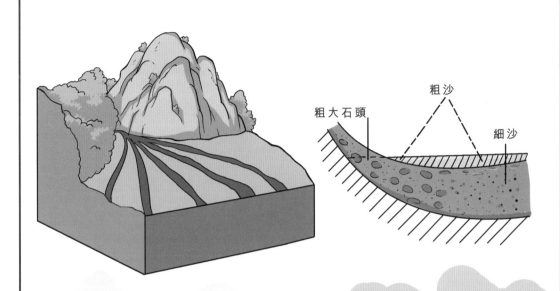

粗大石頭　　粗沙

細沙

　　沖積平原是由河流沉積作用形成的。河流在上游不僅流速急還攜帶大量的泥沙，當到了平坦的下游後，河流的速度就緩慢了，無法繼續帶着泥土前進。於是，這些泥沙就在下游沉積下來。沉積的泥沙越來越多，最後就形成了平原。

　　在沖積平原上，泥沙的沉積是有規律的。隨着河流速度的降低，總是粗大的、比較重的先沉積；細的、比較輕的後沉澱。

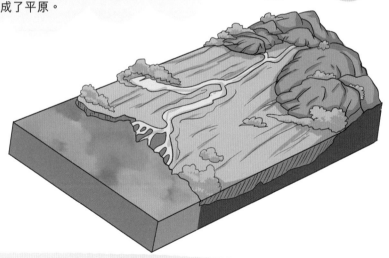

　　沖積平原分佈地域地勢低平，海拔大部份在 200 米以下，相對高度一般不超過 50 米。

這麼說，這片平原是河流造成的囉。

TT，你說的是不是真的呀？

當然是真的。

河流的力量還真大呢！

滴水能穿石，流水的力量當然也不能小瞧啦！

黑眼圈真聰明，沖積平原是歷經千萬年才形成的。

只不過需要很長時間，對不對？

這算甚麼聰明？我也知道。

水為岩石整容

石林

這裏的假山好壯觀啊！

有的像塔，有的像竹筍。

那不是假山。

我們的地球上，有一些岩石是可以被水溶蝕的。經過水的溶蝕，這些岩石可以形成一種獨特的地貌，叫做喀斯特地貌。

有的喀斯特地貌是地下水長期溶蝕形成，有的則是由雨水溶蝕形成。比如雲南的石林，就是岩石經過幾十萬年雨水的沖刷溶蝕，形成一條條的溶蝕溝，最後整塊岩石被分離，形成各種奇特的樣子。

中國喀斯特地貌分佈非常廣泛，類型眾多，為世界所罕見，主要集中在雲貴高原和四川西南部。在中國，作為喀斯特地貌發育的物質基礎——碳酸鹽類岩石分佈很廣。

這些石林都是天然形成的！多麼神奇啊！

別欣賞風景了！還是先找到出去的路吧！

可是，前面已經沒路了。

完了，怎麼走出去。

快想辦法吧。

毀壞旅遊區的景點是可恥的！

砍掉就行了。

蒼茫的大沙漠

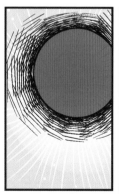

走了這麼久，怎麼一個人都沒有？

是啊！這裏太安靜了！

本姑娘唱歌給你們聽。

與其聽你唱歌，還不如安安靜靜的好！

怎麼到處都是沙子，這裏好無聊啊！

當然啦，不然怎麼叫沙漠嘛！

地球陸地的三分之一是沙漠。一般人誤以為沙漠荒涼、沒有生命，因此它有「荒沙」之稱。實際上沙漠中也藏着很多動物，它們一般習慣在晚上出來。

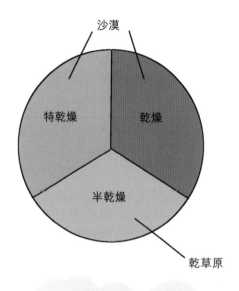

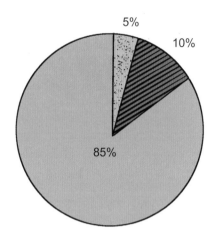

沙漠按照每年降雨量天數、降雨量總額、溫度、濕度來分類，地球上的乾燥地區分為三類：特乾燥地區、乾燥地區和半乾燥地區。特乾燥和乾燥地區稱為沙漠，半乾燥地區稱為乾草原。

 砍伐森林的結果

 工業建設破壞林草的結果

 沙丘入侵草原的結果

防止土地沙漠化，人人有責！

我們常說的沙漠化是植被被破壞之後，地面失去覆蓋，在乾旱氣候和大風作用下，綠色原野逐步變成類似沙漠景觀的過程。土地沙漠化主要出現在乾旱和半乾旱地區。形成沙漠的關鍵因素是氣候以及人為的畜牧和耕種。

我們的水已經喝光了。

我不是很渴,只是有點懷念爆谷的味道。

小野人,你在幹甚麼?

我想扒開沙子,看看被沙淹沒的東西。

你扒土的樣子很像一隻土撥鼠呢!

黑眼圈,你給我站住。

你們兩個趕緊去給我找水源!

認識 沙漠環境

沙漠中的生物

　　沙漠中最具代表性的植物是仙人掌，一些柱狀的仙人掌可以活二百多年，長到 15 米高。

　　沙漠中最典型的動物是駱駝，駱駝以堅韌著稱，可以連續好幾天不喝水，而且在缺少食物的時候，可以憑借儲存在駝峰內的脂肪存活很長時間。人們很早就利用駱駝運載商品穿越沙漠，所以駱駝被稱為「沙漠之舟」。

世界最大的沙漠

　　撒哈拉沙漠是世界第一大沙漠，位於非洲北部，總面積約 906.5 萬平方千米。同時，撒哈拉沙漠也是世界上自然條件最惡劣的沙漠。

中國最大的沙漠

　　中國最大的沙漠是塔克拉瑪干沙漠，位於新疆塔里木盆地，總面積有 33 萬平方千米。

沙漠的氣候

　　沙漠的氣候變化極大，平均年溫差超過 30℃。沙漠氣候最顯著的特徵是晝夜溫差大。沙漠裏到處都是沙子，沙子吸熱快，放熱也快。夏秋季節，白天沙漠吸熱很快，地面溫度可以高達 60℃至 80℃。到了夜晚，沙子很快就會散熱，地面溫度會驟降到 10℃以下。

 沙漠中的綠洲

　　沙漠中也會見到水草豐茂的綠洲。沙漠附近的高山上積有厚厚的冰雪，夏季冰雪融化的雪水流到沙漠中，匯集到沙漠地勢低窪的地段，在沙子和黏土層間形成地下河。這些地下水滋潤了沙漠中的植物，形成一個個綠洲。中國敦煌附近的月牙泉綠洲，就是這樣形成的。

　　「早穿皮襖午穿紗，圍着火爐吃西瓜」——這句話形象地反映了沙漠地區晝夜溫差大的特點。

能行走的 冰川

這麼大的冰川，怎麼形成的呀？

準備，降落！

冰川如同山川一般壯觀。在終年冰封的高山或兩極地區，都能見到大量的冰川。

冰川是雪經過一系列變化轉變而來的。冰川的形成地，一般氣溫很低，而且經常會下雪。這些雪融化不了，只能越積壓越多，最後形成了冰川。

當重力大於地面摩擦力時，冰川就會發生移動，也有的會斷裂，漂浮在海水中，隨之流動。

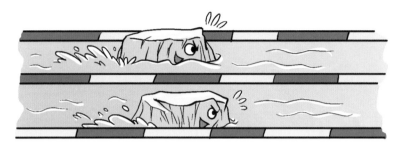

現在你對冰川大致了解了吧！

想不到冰川還會自己四處走啊！

也可以這麼説。

對啊，小野人咱們來比賽吧。

那不是可以騎着冰溜冰啦。

你說甚麼？我可是溜冰的高手。

你太胖了，肯定輸給我……

可怕的現象
——地質災害

無論是地球內部還是地球表面，無時無刻不在發生着變化。當這些變化足夠大的時候，就會形成很奇特的自然現象。當這些現象發生在人類居住地的時候，往往會帶來災害。噴發的火山、強烈的地震、兇猛的颱風、威力巨大的龍捲風……讓我們一起揭開這些災害的神秘面紗吧。

誤入災難遊戲

歡迎來到本王子的家！

王子，這真的是你的家嗎？

像宮殿一樣！

好吃！好吃！

請你把這裏當成自己家，不要客氣，但只有一件事需要注意……

不要惹那個喇叭，不然會有危險！

那⋯⋯你們慢慢吃⋯⋯我去拿小提琴來為你們助興⋯⋯

⋯⋯

千萬不要招惹那邊的喇叭哦！

知道了！煩人！

這個喇叭怎麼會有危險呢？

您好，請不要用油膩的手來抓我，好嗎？

哇！

會說話的喇叭！

請各位客人注意，我是有潔癖的，所以請⋯⋯

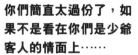

就算是少爺請來的客人，也不可饒恕！

我一定要懲罰你們，怎麼樣？害怕了吧？

擦擦抹抹！

竟然一點兒反應都沒有！

那我就送你們去嚐嚐苦頭吧……

呼!!

這是怎麼回事？

這、這是我們家為了鍛煉下一代的勇氣，研發的災難遊戲！

剛才我警告過你們，不要惹牆上的喇叭，那個喇叭就是啓動災難遊戲的開關，它生氣的時候就啓動這個遊戲，現在你們知道了吧！

不知道……

它集合了各種災難的通關遊戲，你永遠不知道自己會遇到甚麼災難，但遇到之後就要想辦法逃生，如果無法逃生，你將永遠留在遊戲裏。

不要！

讓我們回家！

大地在顫抖
——地震

喇叭在哪兒呢？

我要買最新款的衣服！

救援隊為甚麼把我們放在學校裏？

外面有賣爆谷的，太好了，就在這裏住下吧！

一定是外星人襲擊學校，需要勇士來解救危機！

68

下面我們來
做個實驗，
首先，點燃
酒精燈……

咔！

嘩！

這傢伙根本就是災難啊！

搖搖晃晃！

怎麼這麼搖晃？

小野人，你做了甚麼啊？

我、我、我也不知道……

裂裂裂吩！

唰！唰唰！

地震了！

同學們！

馬上滅掉桌子上的酒精燈，然後躲到課桌底下或者能掩護身體的物體下！

王子，快滅掉你的酒精燈！

我還以為是外星人襲擊學校的災難呢，原來是地震啊！

難道你想要地震和火災一起發生嗎？

火……火……火……火災，不要啊！

救救我！

冷靜點兒，大晃動停止的時候再去蓋上蓋子！

地震啦！快關火！

地震來時，滅火的機會有三次。第一次是在大的晃動來臨之前的小晃動，這時候就要立刻互相招呼。

馬上去！

第三次機會是在引起火災之後的 2 分鐘內。為了能夠更迅速地滅火，滅火器要放置在距離用火場所比較近的地方。

第二次機會是在大的晃動停息的時候，要馬上去關火。

幸虧滅火器放得比較近！

天使……

學生們注意，馬上撤離到操場，不要慌，不要擁擠，要注意上面掉下來的懸掛物，保護自己的腦袋，有秩序地離開！

不要急！

有秩序地離開！

你們幾個善後！

哪有讓學生善後的？

不想要獎金了嗎？

這一關的獎金很多哦！

73

地震 從哪兒來？

地震是一種常見的自然現象，經常會造成嚴重的人命傷亡，引起火災、水災、有毒氣體的擴散，還可能誘發海嘯、滑坡、崩塌等次生災害。

小貼士：地球上平均每天要發生上萬次地震，其中大多數太小或太遠，人們感覺不到。

 來自大地的振動・地震

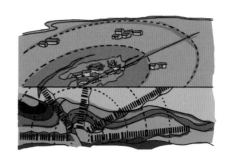

地震又叫作地動、地振動，是地殼快速釋放能量造成地振動，並且產生地震波的自然現象。地震一般發生在地殼之中，但有時也會發生在軟流層，震源一般是在 300 千米至 700 千米的深處。地震發生時，其中最強的地震稱為主震。在主震發生後，在地震發生的地區還會陸續發生一些較小的地震，叫作餘震。餘震的持續時間可以達到幾天甚至幾個月。

地震形成的原因

地震形成的原因有很多，主要是構造地震、火山地震、陷落地震和誘發地震四個類型。

在各類地震中，構造地震是最常見、破壞力最大的地震，佔全球地震總數的 90% 以上。火山地震一般在火山活動地帶發生，佔全球地震總數的 7% 左右。陷落地震約佔地震總數的 3%，造成的破壞比較小。誘發地震則是極少發生的一類地震。

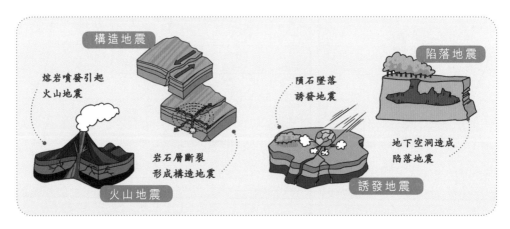

構造地震

陷落地震

熔岩噴發引起火山地震

隕石墜落誘發地震

岩石層斷裂形成構造地震

地下空洞造成陷落地震

火山地震

誘發地震

地震震級和烈度

地震震級是對地震大小的一個相對量度，是根據地震儀記錄的地震波振幅來測定和劃分的，等級越高，地震越大。根據國際通行的方法，地震震級分為 9 級。

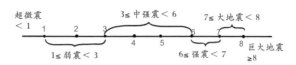

地震的破壞程度稱為地震烈度，震級越大，烈度越大，一般將烈度分為 12 度。

1 度	僅儀器能記錄到		7 度	地面出現裂縫	
2 度	敏感靜止人有感		8 度	房屋有損壞	
3 度	懸掛物輕微晃動		9 度	鐵軌彎曲	
4 度	器皿作響		10 度	房屋倒塌，山石崩塌	
5 度	牆壁表面裂紋		11 度	路基堤岸大段毀壞	
6 度	簡陋棚舍損壞		12 度	建築普遍毀壞，動植物毀滅	

地震前兆

在地震發生前經常會出現一些異狀，主要是地下水異常和動物異常。地下水會出現冒泡、翻花、升溫、變色、變味、突升、突降、泉源突然枯竭或湧出，馬變得焦躁，不進馬廄，雞飛上樹，冬眠的蛇會跑出來等。

脾氣暴躁的 火山

呼！這個遊戲真不錯，乾脆在遊戲裏過一輩子好了……

如果沒有災難發生的話，我也希望能留在這裏！

但是溫泉很舒服，回家我自己也做一個。

做出來也只是人工溫泉，天然溫泉是伴隨火山爆發形成的，或者是地殼內部的岩漿作用所形成。怎麼可能說做就做得出來。

溫泉，火山，會不會這也是一次災難啊？

火山爆發之前大部份都會有地光出現。

放心吧，溫泉火山爆發之前會有一些跡象的。

閃

燙！

火山口有氣體冒出來或者冒出的氣體加速，而且可以聞到刺激性氣味，水溫也會升高。

生物異常，小動物會煩躁不安，植物也會褪色枯死。

哎呀呀！

快逃啊！

火山岩漿……

刷

撲通

咚！

幸虧這裏有個水池！

嘩啦！

嘩啦！

哪裏來的防毒面具？！

本來只是因為好玩才買的，沒想到還可以用來防火山灰。

你去廁所的時候，喇叭推銷的。

火山灰是甚麼？

火山灰，就是細微的火山碎屑物。火山灰會對人的呼吸系統產生不良影響，所以戴上護目鏡保護眼睛，用濕布護住嘴和鼻子是必須要做的。

轟隆！

如果你剛才跟我們一起去逛商店，不就也有防毒面具了。

空中死神 ——酸雨

咔嚓！

咔嚓！

Z……

近日，火山爆發噴發出來的火山灰裏含有大量硫化物，因此會形成酸雨，若被淋到身上會患皮膚癌，所以近日不要淋雨！看到請轉載給 100 個人，不然晚上會遇到妖怪！

不好了！要快點轉載！

不要散佈這種謠言！火山灰是火山噴發出來進入大氣的細顆粒物，主要有岩石、礦物成份，與酸雨沒有任何關係！

雖然火山灰釋放到大氣中會產生硫化物，但形成危害人類健康的酸雨的可能性很小。

酸雨是人類大量使用的煤、石油、天然氣等化石燃料，以及各種機動車排放的尾氣造成的！

休息一天，今天就不要提那些東西吧……

酸雨會使土壤營養流失，誘發病蟲害，甚至會使農作物死亡。

酸雨會使河湖水質酸化，水生生物死亡。

許多古建築被酸雨侵蝕，文物古蹟被損壞。

當然了，酸雨不僅會對植物、建築造成危害，對人和動物的危害也是非常大的。雨、霧的酸性對眼、咽喉和皮膚產生刺激，會引起結膜炎、咽喉炎、皮炎等病症。

不是這樣，你們沒有看到最後一句話嗎？如果不轉載給100個人！會遇到妖怪的！

不要信那種帖子啦！

好不容易可以休息一下的，結果還是一樣……

……

火山 真的能噴火嗎？

火山噴發是一種我們熟悉的自然現象，爆發時的威力十分驚人，那火山是不是真的能噴火呢？如果不是火，那噴出來的是甚麼呢？

小貼士：火山噴發是地球上最具爆發性的力量。

 會爆發的山· 火山形成原理

在地殼下 100 千米至 150 千米處，有一層溫度極高、壓力極強的熔融物，叫作岩漿。當岩漿從地殼薄弱的地方衝出地表冷卻固化後，就會圍繞噴出口堆積形成隆起的山丘，這就是火山。

火山分幾類？

按照活動情況，火山分為活火山、死火山和休眠火山三類。活火山是指現在還在週期性噴發的火山。死火山是指曾經噴發過，但現在已喪失了噴發能力的火山。休眠火山是指曾經噴發過，但仍具有噴發能力的火山。

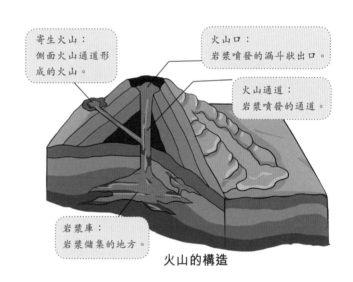

寄生火山：
側面火山通道形成的火山。

火山口：
岩漿噴發的漏斗狀出口。

火山通道：
岩漿噴發的通道。

岩漿庫：
岩漿儲集的地方。

火山的構造

火山噴發過程

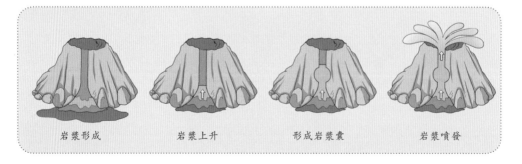

岩漿形成　　　　岩漿上升　　　　形成岩漿囊　　　　岩漿噴發

火山噴出甚麼‧ 火山噴發物

　　火山爆發時，噴出的物體有固體、液體和氣體。火山噴出的固體是岩石塊和非常細小的火山灰。

　　液體就是岩漿。不同的火山噴的岩漿的黏稠度不同，但它們的成份大都以硅酸鹽為主。

　　氣體被稱為「火山氣體」，主要成份是水蒸氣、含硫氣體和二氧化碳。

 火山噴發危害　　　　　　　 **火山噴發的好處**

火山碎屑流

火山泥石流

山體滑坡

熔岩流

　　火山噴發出的火山灰富含養分，能夠使土地變得更加肥沃，在火山灰覆蓋的土地上種植農作物，經常會帶來大豐收。

著名火山

　　日本的富士山是最著名的火山，它海拔 3776 米，是日本的最高峰。富士山是處於休眠狀態的火山，高聳入雲，山巔白雪皚皚。

火山毀滅城邦

　　龐貝古城是古羅馬的第二大城市。公元 79 年的一天，龐貝古城附近的維蘇威火山突然噴發，赤紅的岩漿滾滾流出，方圓數百里成了一片火海。龐貝古城就這樣在一夜之間消失了，被埋葬在厚厚的火山灰下。

哈哈哈哈，真的很適合耶！

嘻嘻……

恭喜你們成功脫險，從現在開始，每過一關，你們就可以到我這裏領取金幣和購買物品！

這麼小的車子，怎麼可能買到我們需要的東西？

那可不一定哦！說吧，你們想要甚麼？

能吃的，全部都給我！

沙沙——

好的，等一下！

你們好歹買點兒有用處的東西啊！

像你們這樣亂花錢，可怎麼行呢？

嘟嘟嘟……

嘖！

你們這樣輕視災難，只顧玩樂，連上天都會為你們的無知而哭泣的……

滴答滴答……

真的下雨了。

難道是天氣的災難嗎？

大雨？

雷電？

行星撞擊地球？

既然下雨了，就買雨具吧！

又開始亂猜了。

藍色的傘不配我的鞋子，粉色又跟我的衣服不搭，綠色……

到底有沒有聽我說話……

雨下大了！

我們去那裏避雨吧！

旅社

你們兩個去外面，我要換衣服了。

換衣服為甚麼我們要出去？

變態！

偷看女生換衣服……

差點兒忘了TT是女生！

我甚麼都沒說啊……

近日將出現較強降雨，今日降雨量已超過 250 毫米，為特大暴雨，預計暴雨會持續一星期左右，請大家做好防汛工作！

是水災！

這次的災難一定是水災！

傻瓜都知道了。

恐怕你連水災是甚麼都不知道。

切！

水災以洪澇災害為主，比如大暴雨引起的山洪暴發、河水氾濫，使農業設施毀壞就是「洪」的範圍，而「澇」多數是指雨水過多使農田積水成災難，你說，對不對啊？

算、算你說對了，但、但是你知道怎麼預防嗎？

暴雨來臨（下）

為甚麼？

因為這時候的水含有很多細菌，可能會引起皮膚病，泡水之後，需要馬上清洗身體。而且水災的時候旋流很急，游泳逃生可能會被捲入旋流中發生意外，明白了嗎？

那我不游泳逃生，單純地游泳行了吧！

快幫我阻止他！

我游到那裏就回來！

水可是會導電的！

爬到帶電的電線杆上面可能會被電到的！

發現高壓線或者電線斷頭下垂時，一定要迅速離遠一點兒！

給我安份點！

TT 太有領導力了！

水、水、水都滲進屋裏了！

嘩嘩！

利用一些不怕洪水沖走的材料，像沙袋、石堆堵住門口的縫隙，然後盡快想辦法逃生。

剩下的金幣只夠買這個盆了。

早就告訴過你們不要亂花錢了，我就買了很多用得着的東西。

哈哈哈！

有甚麼可笑的！

我這是預防！

預防懂嗎？

我們要到屋頂等待救援！

分明是想去屋頂展示她的衣服……

TT 好可愛……

咚！

不好了，充氣艇被卡住了……

豎起來不就過去了嗎？

像水一樣流動的 泥石

好吵啊，外面發生甚麼事了？

稀裏嘩啦！

撲通!!啪!

我才不走呢！

怎麼了？

外面突然來了一堆人，讓我們快點兒離開這間屋子！

是泥石流，泥石流啊！還不快點兒離開！TT 和王子呢？

那兩個叛徒已經先撤離了！

那兩個人竟然不叫醒我！

不是跟你說過是泥石流了嗎！

泥石流！

你為甚麼全身濕透了？

下雨了，那些人說降雨量甚麼 100 毫米，要我們撤離，甚麼，「你是劉」來了。

「你是劉」那麼厲害嗎？一定要見識一下⋯⋯

我知道啦！別打我！

不打你記不住！

胡說！

泥石流是指在山區或者其他溝谷等地形險峻的地區,因為暴雨、暴雪或者其他自然災害引發的攜帶有大量泥沙以及石塊的特殊洪流。

泥石流馬上就要來了!快搶救吃的啊!

轟隆!

黑眼圈,這裏要一瓶水。

我又不是傭人!

都怪你!救援人員讓你撤離的時候為甚麼不聽?

嘿嘿……

沒關係,你們抱住的那棵樹很高,暫時不會有危險的。

這個樣子讓我們怎麼跑?你們兩個叛徒!

可惡!

你們就抱緊那棵樹,等待救援吧!

101

颱風對決 龍捲風

這裏是甚麼地方，為甚麼沒有高點的建築？很奇怪哦⋯⋯

我知道了！這一定是外星人的星球！

颱風和龍捲風颳來時，地下室、高樓最低層都是躲避
龍捲風和颱風的最佳處。

3樓

2樓

1樓

地下室

如果在野外遇到龍捲風，可以到
河床之類的地方臥倒。

河床

先躲起來。

你不去保衛地球和平了？

哈哈哈哈，那個怪樣子……

你懂甚麼？這是為了防禦四散飛來的碎片！

防不勝防啊，怪不得這個小區沒有高樓，全是地下室……

地下室？我們為甚麼不去地下室躲避？

對啊！地下室是最好的避難所了！

嗒嗒嗒……

小朋友，你遇到過大風嗎？你能想像最強的風到底有多強嗎？颱風和龍捲風這兩種大名鼎鼎的風究竟哪個更強？

小貼士：颱風是比較常見的大風；龍捲風是難以預測的。

來自熱帶海洋的大風· 颱風和颶風

在熱帶或副熱帶的海洋上經常會形成熱帶氣旋，它一邊繞着自己的中心旋轉，一邊隨着周圍的空氣前進。當熱帶氣旋中心持續達到 12 級至 13 級時，就稱為颱風。

其實，颱風和颶風是同一種風，只是發生的地點不同，所以叫法不同。在北太平洋西部，也就是東亞、東南亞附近叫作颱風。在大西洋或太平洋東部，也就是歐美地區，叫作颶風。

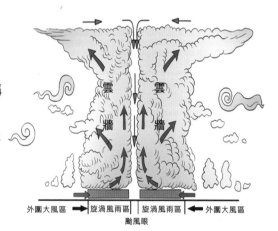

雲牆　雲牆

外圍大風區 ← 旋渦風雨區 | 旋渦風雨區 ← 外圍大風區
颱風眼

颱風結構圖

颱風的級別

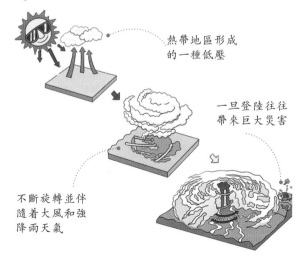

熱帶地區形成的一種低壓

一旦登陸往往帶來巨大災害

不斷旋轉並伴隨着大風和強降雨天氣

按照中心附近風力的大小，將颱風分成 6 個等級。

中心風力 6～7 級，稱為熱帶低壓；風力 8～9 級，稱為熱帶風暴；風力 10～11 級，稱為強熱帶風暴；風力 12～13 級，稱為颱風；風力達到 14～15 級，稱為強颱風；風力在 16 級或以上，稱為超強颱風。

龍捲風是在極其不穩定的天氣情況下，由兩股強烈對流運動而產生的一種高速旋轉的漏斗雲狀的強風渦旋。它的上部是一塊濃厚的積雨雲，下部是垂到地面的漏斗狀雲柱。

龍捲風是雲中雷暴的產物。當積雨雲放電的時候，雲層頂部的正電量要比雲層底部的負電量大得多。於是，攜帶負電的空氣從四周匯聚進行中和。這樣就在積雨雲底部形成一個漏斗雲，如果正電量足夠大，漏斗雲就會與地面接觸，形成龍捲風。

積雨雲
伴有雷雨或冰雹
中心附近風速
漏斗狀雲柱
單個龍捲風影響直徑

龍捲風

 ## 奇妙的「龍吸水」

當水面上出現龍捲風時，由於它內部的氣壓極度減小，就可以將水吸起來，形成一個高高的水柱。因為這個現象和神話中東海蛟龍吸水的樣子很像，所以就叫作「龍吸水」。有的時候，一片水域裏甚至還會發生「雙龍吸水」的奇妙現象呢。

 ## 龍捲風的風速

我們經常聽到「颱風中心附近風力在 12 級以上」這樣的話，它是用來說明颱風風速的。

但是，和龍捲風風速一比就遜色多了。12 級風的風速相當於每秒 30 多米，而龍捲風中心附近的風速一般每秒達 100 米以上，極端情況下可以達到 300 米呢。

能源大發現

你知道甚麼是能源嗎？地球上有哪些能源是可供使用的？人類獲取能源的技術又取得了哪些突飛猛進的發展？據科學界斷言，在不久的未來，石油、煤炭等化石資源將加速減少。新能源不但有利於環保，而且對於解決由能源引發的戰爭也有着重要意義。説不定你就是未來的能源學家！

世間沒有永動機

叮

小野人，你在拆甚麼？

瞧！我替熊貓打掃房間時發現的寶貝。

永動機

這個不是 13 世紀就消失了的永動機嗎？我都扔了，你還撿回來。

這個上面不是寫着「永動機」嘛！我相信它一定能不停地轉下去。

永動機

永動機在幾百年前就被科學證明是不可能的了。

我這個肯定可以。

告訴你吧！沒有任何東西可以離開能源而運動。

能源？能源是甚麼東西？

你每天看電視消耗的電能，坐公交車消耗的汽油。

還有做飯用的熱能，都是能源。

那能源豈不是無所不在？

你以為大家用的都是永動機啊！

可是能源是從哪挖出來的呢？

不全是挖出來的……能源包括所有燃料、流水、陽光和風等，人類用適當的轉換手段便可讓它為自己提供所需的能量。

啊，水、陽光和風也是能源？可從來沒看見過用水做燃料的汽車啊！

能源中，有一些是自然界本身蘊藏的能量，如太陽能、地熱能、潮汐能等，叫一次能源。

還有一種是能源加工轉換而成的，如電力、煤氣、蒸汽等，叫二次能源。

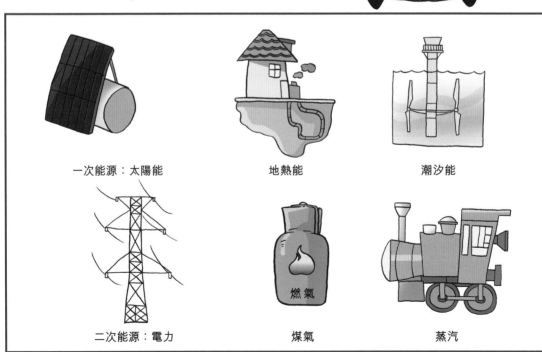

一次能源：太陽能

地熱能

潮汐能

二次能源：電力

燃氣
煤氣

蒸汽

116

如果能源用完了，人類豈不是寸步難行了？

能源分可再生能源和不可再生能源。現在我們盡量開發可再生能源。

節約使用不可再生能源，以保護生態的平衡。

那為甚麼不使用永動機呢？

永動機

因為任何機器在運轉的時候都會遇到阻力，所以如果沒有外部持續的能源供給，它就會停下來。幾百年前人們就已經證實永動機是無法實現的了。

小野人試了一下，果然轉了兩下就停住了。小野人很沮喪。

你就別白費力氣了，老老實實打掃屋子吧。嘿嘿嘿……

地球 上的能源

甚麼是能源？

我們平常總說「能源」，那麼，究竟甚麼是能源呢？

關於能源，各個國家和地區有許多不同的定義。但總的來說，是指可產生各種能量（比如熱能、電能、光能等）的物質，能夠直接取得或者通過人為轉換而得到有用能的各種資源。

能源的分類

```
               ┌─ 一次能源 ─┬─ 可再生能源 ──┬─ 水能
               │           │              ├─ 風能
               │           │              ├─ 生物能
               │           │              ├─ 太陽能
               │           │              ├─ 地熱能
               │           └─ 不可再生      ├─ 海洋能
能源 ──────────┤              能源          └─ 核能
               │                          ┌─ 煤炭
               │              ┌─ 焦炭      ├─ 石油
               │              ├─ 煤氣      └─ 天然氣
               └─ 二次能源 ───┼─ 汽油
                              ├─ 柴油
                              ├─ 電能
                              └─ 激光
```

異常珍貴的不可再生能源

如果從字面上理解，不可再生能源就是用過之後就不能再次產生的能源。實際上，能源都是可以再次產生的，只是有一些能源的形成需要的時間非常長，形成的速度完全趕不上人類開發使用的速度。比如煤炭的形成，就是遠古時期的植被在地下高溫、高壓的條件下，歷經了數百萬年才形成的，而且現在的地球環境和數百萬年前有很大不同，能否再次形成這些能源，尚未可知。

如此來看，不可再生能源的確是名副其實的「不可再生」了。

中國的能源概況

我國是世界上的能源生產大國，煤炭、石油和天然氣的儲量和生產量都很大。2018年，我國原煤產量 36.8 億噸，原油產量 1.89 億噸，天然氣產量 1,603 億立方米，均居世界前列。但同時我國也是世界上最大的能源消費國，每年都用大量進口能源，供應國內消費使用。因此，節約能源、提高能源利用率非常的重要。

用完就沒有的能源

拾金不昧

拾金不昧就是撿到錢還給失主了呀，那為甚麼不說拾錢不昧呢？甚麼是金啊？

金子是一種貴金屬，從古代開始就被作為貨幣使用，所以才有「拾金不昧」的成語。

金子是存世稀少的不可再生能源。

不可再生能源？這個又是甚麼？

人類開發利用後，在相當長的時間內，不可能再生的自然資源叫不可再生能源。

就拿比黃金更貴重的鑽石來說吧！鑽石是世界上最古老的寶石，所有的鑽石均是在地下160～480千米的地殼深處，經高溫、高壓條件形成，再由火山噴發帶至地表。

它的形成需要一個超級漫長的過程，通常為 200 萬年呢！

200 萬年

就算時間很長，也還是會再形成的吧？

哪有這麼簡單！當它們被消耗掉之後，就無法再變成原來的樣子了，它們形成的速度根本就跟不上人類的消耗速度！

哦，原來這樣啊！原來鑽石這麼貴重，我昨天還撿到一顆……

你撿到了？！快給我看看！

這是我在海邊找到的。

海邊有鑽石？

啪！

小野人！這明明是一塊玻璃！

能燃燒的冰塊
——可燃冰

固體酒精

啪！

固體酒精

呼

酒

哇！會燃燒的果凍！

那不是果凍啦，是固體酒精！看起來像而已。

你看，是不是還很像一塊冰呢？

真的呢！看起來像冰，但一點都不冷呢。

不過說真的，世界上還真有一種「可燃冰」。它是甲烷和水的混合物，在一定溫度和壓力下形成的。

那就是冰火相容了。嘖嘖……哪兒有呢？

可燃冰

可燃冰，最初人們認為只有在太陽系外圍那些低溫、常出現冰的區域才可能出現。

那怎麼才能知道哪種「冰」能燒，哪種「冰」不能燒呢？

其實，可燃冰我們現在還看不見、用不到啦。因為它都藏在、海底或者陸地很深的地方，科學家還沒研究出開採的方法呢。

不過，據科學家估計，海底可燃冰分佈的範圍約 4,000 萬平方千米，佔海洋總面積的 10%，夠人類使用 1,000 年呢！等以後解決了開發技術問題，我們就可以將它作為我們的新能源了。

4000 萬平方千米

10%

到時候，我就可以用冰塊來烤獵物，TT 可以用冰塊來開車。

黑眼圈你可以用冰塊做甚麼呢？

別看着我，我只對爆谷感興趣。

煤炭裏的「壞分子」

瓦斯爆炸事故

瓦斯爆炸好可怕啊！跟炸彈一樣！堅決遠離它！

也不能這樣說啊，瓦斯事故大部份是因為操作不當引起的，其實瓦斯還是有很多用處的噢

能有甚麼用啊？

比如煮飯啊。它和我們平時用的煤氣、天然氣一樣，瓦斯也可以用來煮飯啊、取暖啊甚麼的。

別睡了！解釋給小野人聽。

瓦斯[1]，學名叫煤層氣，其主要成份是甲烷，是與煤炭伴生，以吸附狀態儲存於煤層內的非常規天然氣。1立方米純煤層氣的熱值相當於 1.13 千克的汽油或 1.21 千克的標準煤。

化工廠

瓦斯燃燒後很潔淨，幾乎不產生任何廢氣，是上好的工業、化工、發電和居民生活燃料。

可是會爆炸，好危險！

其實瓦斯很安全！它不含一氧化碳，不會發生一氧化碳中毒。

只有當瓦斯濃度為 5%~16%、氧氣濃度大於 10% 的條件下才會發生爆炸。

真的嗎？

①瓦斯：此處的瓦斯為狹義的瓦斯，單指煤層氣，主要成份為甲烷，不含一氧化碳。

這些都是真的啦！如果瓦斯不是安全又好用，怎麼會有那麼多國家都在大力開採呢？

其實只要使用方法正確，瓦斯是很安全的。

怎樣使用才正確？

一是關好閥門，謹防漏氣；二是嚴格遵守「人離火滅」原則；三就是睡覺和外出時，確保關閉瓦斯閥門！

噢！那我放心了！

隨時關緊？那你到底還用不用了？

以後家裏的瓦斯閥門要隨時關緊！

漲潮落潮的能量

海水漲潮,請
盡快上岸!請
盡快上岸!

小野人!快
回來!

啊

哇呀呀!放我下來!

嘿!

剛剛廣播都說要漲潮了,你還不回來,多危險。

嗯!嗯!我以後再也不敢了!海浪的脾氣真夠大的!

乖啦!那不是海浪在發脾氣噢,那是海浪蘊藏的巨大能量,叫潮汐能。

海水在太陽、月亮對地球的引潮力的作用下,漲潮退潮時,會伴隨着大浪,產生巨大的能量,被稱為潮汐能。

難怪漲潮有那麼大的能量，原來是太陽和月亮指使的。

不光漲潮，退潮也有很大的能量。海水在漲潮和退潮時，形成勢能與動能，這個能量非常巨大，而且無污染，還可以用來發電。

潮汐發電是利用海灣、河口等有利地形，建築水堤，形成水庫，便於大量蓄積海水，並在壩中或壩旁建造水力發電廠房，通過水輪發電機組進行發電。

海浪
的威力

哇！波浪把燈泡拍亮了！

錯！不是波浪把燈泡拍亮，而是利用波浪能發電。

然後利用裝置將電能儲存起來並傳輸到燈泡,這樣燈泡就亮了啊!

波浪能?

波浪能是海水吸收太陽輻射後,表面海水與深海海水之間形成溫差,造成海水流動而產生的能量。因此波浪能也可以說是太陽能的另一種濃縮形態。

地球上有那麼多的海洋,那是不是有用不完的波浪能啦!

地球表面海洋很多,波浪能幾乎算是取之不竭的可再生清潔能源了!

南半球和北半球40°～60°緯度間的風力最強。中國的浙江、福建、廣東和台灣沿海為波浪能豐富的地區。

但波浪能也是海洋能源中能量最不穩定的一種。因為它的能量傳遞速率是由風速決定的。風越大，獲得的能量也就越強。

空氣風輪機

發電機

空氣活塞

我要是也能從風裏得到能量就好了！我可是表現穩定的大力士！

嗯！夢想很好，現實很糟糕！

來自 陽光 的無窮力量

這些天一直在下雨,半個太陽都看不到。我的陽光收集罐都不亮了。

這是甚麼?

白天放在陽光下收集陽光,晚上就可以發光,當成床頭燈用。

這麼神奇?裏面裝的真的是陽光嗎?

不是陽光，是太陽能。收集了太陽能轉化成電能，罐子就亮起來了。

這幾天都沒有太陽，一定是這個東西把太陽的能量吸光了。

噗！

太陽不出來和我的罐子一點關係都沒有。

太陽的能量都消耗光了，所以它只好躲起來了。

太陽能是可再生能源，怎麼可能被用光呢？

可再生能源？

是說這個太陽的能量用完了，還會出來另一個太陽嗎？

太陽當然只有一個……

營養液

要不然就是太陽可以自己給自己補充能量。

137

太陽能是太陽內部連續不斷的核聚變反應過程產生的能量。這種反應可以持續幾十億至上百億年的時間。

我才幾十億歲，正青春呢！

對於人類來說，這個能量不是用完了就消失了的，而是可以再生持續使用的。

除了太陽能，可再生能源還有很多種呢！比如說水能、風能、潮汐能、地熱能等，都算是可再生能源。

水電廠

我燒的是可再生無污染的氫氣！

太陽真厲害！有了它，我們就不用擔心以後沒能量了。

不對、不對！如果不注意保護、任意取用，可再生能源也有可能變成不可再生能源。

啊，看來還是要省着點用好。

說着他默默地把陽光罐拿走了。

還給我啦！不用才浪費呢！

溫泉
裏的秘密

溫泉度假

哦，太好了，可以去澡堂泡澡嘍！

和你說了多少遍了，這裏不是澡堂。

不是嗎？可這裏都是一個池子一個池子的熱水，明明就是澡堂嘛！

這裏是溫泉，我們來這裏不是為了洗澡，是為了養生。

溫泉和澡堂到底有甚麼不同啊？

溫泉是地下自然湧出的泉水，水溫比較高。泉水變熱的原因是地底下有地熱能存在。

地熱能又是啥？

摸，摸。

好燙！

這就是啦。地熱能是可再生能源，是由地殼抽取的天然熱能，這種能量來自地球內部的熔岩，並以熱力形式存在，是引致火山爆發及地震的能量。

泉水就是被滾燙的石頭煮熱的。

哦,原來溫泉是不用燒的熱水。可是,地熱能和溫泉有甚麼關係啊?

地球內部的溫度高達 6,800℃,而在距地面 80 至 100 千米的深度處,溫度會降至 650℃至 1,200℃。最簡單和最合乎成本效益的利用方法,就是直接取用這些熱水。地熱能不僅能提供溫泉,而且還能用來發電。我們把高於 150℃的稱為高溫地熱,主要用於發電。

是用岩漿來發電嗎?

誰説直接用岩漿啦？！

地熱發電和火力發電一樣，都是利用蒸汽轉變成機械能，而且更方便且清潔呢。但地熱發電不需要龐大的鍋爐，也不需要燃料，只要直接使用地熱能就行啦！

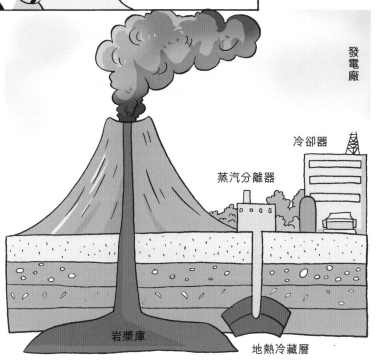

發電廠

冷卻器

蒸汽分離器

岩漿庫

地熱冷藏層

撲通！！

我不是在泡澡，我是在補充能量。

河流上的大壩

知 識 競 賽

輸的人要負責下週的家務哦。

世界上最大的水壩在哪個國家，叫甚麼名字？

水霸？是何等高人？

在中國，是長江三峽。

回答正確，加10分。

水壩是甚麼？

考官

水壩就是水庫，大水池子，養魚用的……

錯，扣 10 分。水壩是可以利用河水發電的建築。

當然了，水蘊含着巨大的能源，不管是它的動能、勢能還是壓力能等都是能量資源。

河水也能發電啊？

正丁 一

哦哦，這個我知道，不就是高山流水的原理啦？

哎呀，你終於開竅了。水流不僅可以發電，以前人們還用以水流為動力的舊式動力機械裝置，來帶動石磨、風箱，幫助勞動和灌溉呢，這個就叫作水車。

考官

這個原理我懂了，可是水壩還是養魚的大水池子啊⋯⋯

你看這個筒子高高的就能盛好多爆谷，水壩也是一樣，可以集中水勢，也能提高水位，這樣讓水能量更大，也便於利用它。

哦，原來大水池子不是用來養魚的……水中儲存的能量還真多。

考官

當然了，所以我們一定要節約用水，現在水資源越來越緊張了。

快出題快出題，現在我明白了，重新來過。

考官

比賽結束了，輸的人要去打掃哦。

為甚麼我總是最後一個明白過來的人。

你知道水能發電嗎？

在我們的印象中，水是柔軟平和的代表。但你知道水中也蘊藏着驚人的能量嗎？在全球資源危機日益嚴重的今天，水能具有怎樣重要的意義和前景？

小貼士：水能是一種可再生的清潔綠色能源，主要用於水力發電。

 ## 流水的力量‧水力發電

我們通常說的水能，主要是地表河流的水的能量資源。水能主要用於水力發電。水力發電站的明顯標誌是橫跨在河流上的大壩。中國長江上的葛洲壩、長江上的三峽大壩，這些都是著名的大型水力發電站。

怎樣利用水發電？

水力發電站一般建在具有較大落差的河段，在上游建立大壩，水庫積水，從水庫的高水位向低水位處引水，利用落差形成的水壓或者水流衝擊水輪機不停旋轉。水輪機的另一端帶動着發電機發電。

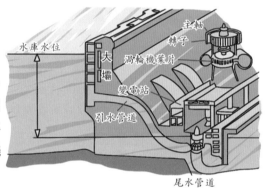

著名水電站

中國的三峽水電站是世界上最大的水電站。三峽大壩高程 185 米，能蓄水高程 175 米，水庫長 2,335 米。三峽水電站裝機容量達到 2,240 萬千瓦，遠遠超過世界上的其他水電站。

水壩蓄水　　　管道引水　　　流水衝擊渦輪　　　渦輪帶動發電

水能利用發展史

人們很早就開始利用水能，並且一直不斷發展。

二千多年前，人們就利
用水車提水灌溉。

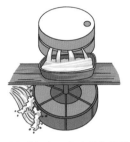

19世紀末，出現了水電站，
人們開始利用水能發電。

18世紀出現了用於工業
的水力站，比如水磨。

 ## 水能的循環利用原理

　　水能是可以循環利用的。通過蒸發作用，
低水位的水可以回到高水位，**繼續匯集入河流
進行發電**。

　　已查明可開發的水能，中國排第一位，順
次為俄羅斯、巴西、美國、加拿大、扎伊爾。
不過，中國的水能資源分佈也很不均衡，大部
份集中在西部和中部，尤其是西南地區，佔全
國水能資源的60%以上。

 ## 最早的水電站

　　19世紀末，遠距離輸
電技術發明以後，促進了
水電站的發展。1878年，
法國建成了世界上第一座
水電站。

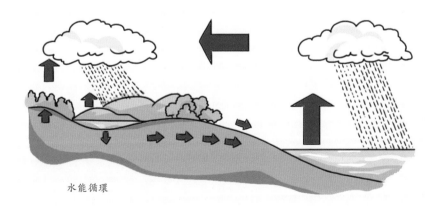

水能循環

書　　名　科學超有趣：地理

編　　繪　洋洋兔

責任編輯　郭坤輝

封面設計　郭志民

出　　版　天地圖書有限公司

　　　　　香港黃竹坑道46號

　　　　　新興工業大廈11樓（總寫字樓）

　　　　　電話：2528 3671　傳真：2865 2609

　　　　　香港灣仔莊士敦道30號地庫 / 1樓（門市部）

　　　　　電話：2865 0708　傳真：2861 1541

印　　刷　亨泰印刷有限公司

　　　　　柴灣利眾街德景工業大廈10字樓

　　　　　電話：2896 3687　傳真：2558 1902

發　　行　香港聯合書刊物流有限公司

　　　　　香港新界大埔汀麗路36號中華商務印刷大廈3字樓

　　　　　電話：2150 2100　傳真：2407 3062

出版日期　2020年7月 / 初版・香港